发挥铸铁锅保温、保冷的功能，甜点会变得更加美味！

Making desserts in STAUB

用小铸铁锅做甜点

[日]铃木理惠子 著　陈志姣 译

STAUB
STAUB
STAUB

序　言

STAUB 锅是法国制造的珐琅铸铁锅，1974 年诞生于法国的阿尔萨斯。

既厚又重的珐琅铸铁锅，是由法国米其林三星厨师保罗・博古斯等厨师们设计出来的。

它能使家常菜像施了魔法般变得美味。

除了被专业厨师使用之外，现在常用于世界各地的厨房中。

本书主要介绍使用珐琅铸铁锅中尺寸较小的锅来制作甜点。

小号的珐琅铸铁锅，在人数较少的家庭中使用方便，

而且有多种富于魅力的颜色可选，可使甜点看起来非常可爱。

我原创的食谱，发挥了珐琅铸铁锅的特性，配合豆腐和豆腐渣更加健康。

如果能加入大家的珐琅铸铁锅固定菜单中，

我会感到非常高兴。

铃木理惠子

LA COCOTTE
STAUB
LA COCOTTE
LA COCOTTE

STAUB 锅擅长制作甜点

STAUB 锅的外观很漂亮，就算直接放在餐桌上，也如画一般。它的大小和形态多种多样，高颜值也得到诸多热心收藏家的认可。当然，STAUB 锅作为锅来说，实力也相当出色，正因如此，得到专业厨师们很高的评价。但是，使肉、鱼和蔬菜烹制得味美的特性，并不一定完全适合制作甜点。在 STAUB 锅为数众多的特性之中，支持它制作美味甜品的功能，主要是以下几方面。

珐琅铸铁锅的热传导

STAUB 锅是珐琅铸铁锅。珐琅铸铁是在金属中添加玻璃材质烧制而成。比起不锈钢锅，它的热传导率要高三倍以上，传热性好是它的特征之一。尤其是如果使用小火烹饪，可以实现均匀加热，所以可以出色地完成隔水加热布丁或蛋糕。而且，发挥它优秀的保温、冷藏性，能够以合适的温度来享受甜点。它能应对所有含 IH（电磁感应加热）的热源（微波炉除外）使用很方便。

黑色亚光微孔珐琅涂层

触摸 STAUB 锅的内侧，手感较为粗糙，这是黑色亚光微孔珐琅涂层。它是将液态的珐琅喷在制成的铸铁物上高温烧制（这个流程重复三遍）制作出来的。这种质地不易黏附，所以铺上耐油纸，即使不涂抹黄油，蛋糕等材料的脱模也很好，还能够直接将食材倒入 STAUB 锅中混合搅拌，烹饪烧制。

锅盖内侧的凸起，能够使锅中的水蒸气循环

STAUB 锅的锅盖有一个独特的设计，它能使锅中因加热产生的水蒸气，在碰到锅盖内侧并排的圆形小凸起后冷凝，再落入食材中。这个特性会在做烤苹果、蜜饯水果等需要水分密封的甜点时，发挥很大的威力。

由于密封性很强，做好后能够直接保存

厚重的锅盖密封性很强，这也是一大特性。所以很适合盖上盖子直接保存甜点，只不过要避免长期那样放置。

STAUB
STAUB
STAUB
STAUB
STAUB
STAUB
LA COCOTTE
STAUB
STAUB
LA COCOTTE
STAUB
STAUB
LA COCOTTE
STAUB
STAUB
STAUB
STAUB
STAUB
LA COCOTTE
STAUB
STAUB

为长期使用 STAUB 锅所应当遵守的事情

STAUB 锅是能够世代继承使用的，如果正确地使用、保养，就能够长期使用下去。

为了保护黑色亚光微孔珐琅涂层，要避免使用金属的尖锐的烹饪用具。14cm 以上的圆形双耳锅和 17cm 以上的椭圆形双耳锅，可以在 STAUB 锅中直接混合食材，用木铲等搅拌烹饪。虽然不用洗太多器具就可以完成烹饪很是方便，但要尽量避免用金属勺、叉子、铲子等剐蹭，推荐使用木制、硅胶材料的烹饪用具。

清洗 STAUB 锅时，请使用蘸有中性洗涤剂的海绵手洗，避免使用洗碗机。烧煳和黏附的地方用热水泡一下再洗，然后用干净的干抹布擦去水渍让它自然干燥。如果有严重烧煳的地方，就装满热水，加上一大勺小苏打，打开小火加热，污渍清除掉之后等水变凉，再用蘸有洗涤剂的海绵轻柔擦洗。锅和盖子的边缘处都很容易生锈，请充分干燥之后再收起来。如果是大小一样的 STAUB 锅，盖子可以叠在一起收纳。

双耳锅之外的其他锅和装饰品也很优秀

本书主要使用 10cm、14cm、16cm 的圆形双耳锅和 11cm、17cm 的椭圆形双耳锅。一个人生活或人数较少的家庭，使用这些尺寸的锅，不仅可以做甜点，做菜也很方便。

我也会介绍使用带盖烘焙盘和小圆盘制作甜点，这些 STAUB 锅有着和双耳锅不同的特征，也可以说是使做甜点变得更有乐趣的元素。带盖烘焙盘能够充当烤蛋糕的模具；浅型的小圆盘很适合做薄饼那种需要控制高度的甜点，可以趁热端上来是它的优点。它们的锅盖里都没有凸起，因此比起需要锁住水分的甜点，它们更适合制作需要使多余的水分挥发掉的甜点。

以法国料理使用的食材为主题的五种动物的动物把手，能够替换掉普通锅盖的把手。STAUB 锅只要一加热，把手就会变得很烫，手碰到就会烫伤。如果更换成这种可爱的把手，那么因大意而烫伤的危险也会消失掉吧。

【本书规则】

* 烤箱和微波炉有不同的机型以及特性，烧烤时间、加热时间只是个大致的标准，请根据自己使用的电器来调整。
* 一大勺是 15 毫升，一小勺是 5 毫升，1 杯是 200 毫升。
* 没有特别标注的情况下，砂糖可用白糖、三温糖（黄砂糖）等代替。
* 生豆腐渣的水分含量根据产品不同是有所偏差的。就算菜谱上没有说明，也请根据需要用微波炉加热等方式调节一下水分再使用。
* 本书的菜单虽然是万全之策，但烹饪、饮食时，如果发生烫伤、身体不适、电器损坏、损伤等，作者及出版社不承担一切责任。

Contents

Making desserts in STAUB

Part 1

热甜点

Part 2

冷甜点

Part 3

可冷可热的美味甜点

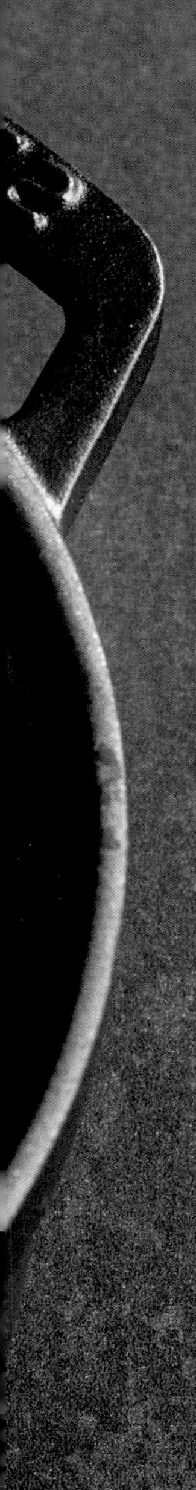

PART 1

热甜点

Making desserts in STAUB

STAUB 锅卓越的热传导和保温性，

正适合制作趁热吃最美味的甜点。

如果吃不完就盖上盖子放进冰箱保存，

还能够重新热了再吃。

3 人份

烤苹果

Baked Apple

盖上盖子焖，焖到最后，味道就会均匀渗透。
这是用保温性很强的 STAUB 锅才能做出来的美味。

ⓐ

ⓑ

ⓒ

材料

苹果（红苹果）......3 个
三温糖（黄砂糖）......3 大勺
柠檬汁......1 大勺
红酒......1 大勺
肉桂粉......1 小勺
黄油（无盐）......30 克
肉桂枝......3 条
香草冰淇淋......适量

做法

① 洗好苹果，把核去掉，放入 STAUB 锅中。…ⓐ
② 在去掉核的地方依照顺序各放入 1/3 的量的三温糖、柠檬汁、红酒、肉桂粉，最后填入黄油把孔塞上。…ⓑ
③ 放到预热 200℃的烤箱中，盖上盖子烤 40 分钟。
④ 从烤箱中取出，将渗出的苹果汁用勺子均匀淋在苹果上，将肉桂枝插进小洞中。…ⓒ
⑤ 盖上盖子焖 10 分钟。
⑥ 盛在器皿中，依喜好添加香草冰淇淋。

STAUB

约 6 人份

菠萝烤布丁

Pineapple Brown Betty

只是重复添加食材然后来烤，如此简单就可做出超受欢迎的美国甜点。
用苹果和樱桃等其他水果制作也会非常美味。

ⓐ

ⓑ

ⓒ

材料

全麦面包……2 片
黄油……50 克
菠萝（罐头）……1 罐
三温糖（黄砂糖）……1/2 杯
菠萝罐头糖汁……3 大勺

做法

① 在 STAUB 锅的锅底和内侧薄薄地涂上一层黄油。
② 将菠萝罐头中的糖汁留下 3 大勺，剩下的丢掉，将菠萝切成方便食用的小块。…ⓐ
③ 将切成小方块的面包一半铺开撒在①中，再将②的一半均匀地撒在它的上面。
④ 撒上一半三温糖，将一半的冷黄油捏碎铺在上面。…ⓑ
⑤ 依次将剩余的面包、菠萝、三温糖、黄油再次撒在④的上面铺展开。…ⓒ
⑥ 将菠萝糖汁均匀地浇在⑤上面，放入预热到 170℃的烤箱中盖上盖子烤 20 分钟。取下盖子，用 200℃的温度再烤 10 分钟，为表面上一层色。之后趁热盛放在盘子中。

STAUB
STAUB

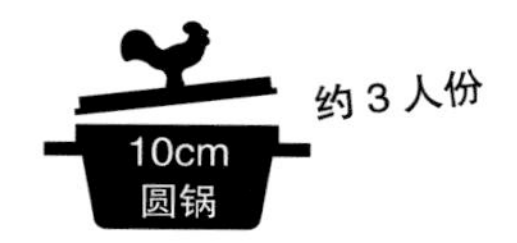

约 3 人份

黑芝麻糊与豆腐糯米团子

Sesame Shiruko with Tofu Dumpling

乌黑的糊糊中充满了芝麻的香味！
用红糖代替蜂蜜来增加甜味也很美味。

ⓐ

ⓑ

ⓒ

材料

○豆腐糯米团子
- 糯米粉……100 克
- 绢豆腐（日本豆腐）……100 克
- 盐……1 小撮

○黑芝麻糊
- 熬成糊状的黑芝麻……100 克
- 蜂蜜……6 大勺
- 盐……2 撮
- 牛奶……600 毫升
- 马铃薯淀粉……1 大勺
- 水……2 大勺

○配品
- 炒黑芝麻……适量

做法

① 将豆腐糯米团子的食材全部倒进碗里，搅拌均匀后，捏成小圆球形。根据需要可以再添加适量的水（分量之外）。

② 在锅中倒入足够的水煮沸，将又小又圆的豆腐糯米团子烫煮。团子浮在表面上 1 分钟左右，将其放入冷水中。…ⓐ

③ 在 STAUB 锅中放入熬好的黑芝麻糊、蜂蜜、牛奶的 1/3，用勺子顺滑地搅拌。…ⓑ

④ 将剩余的牛奶和盐加入③中搅拌，用小火加热到快要煮沸。…ⓒ

⑤ 关火，将马铃薯淀粉与水搅拌好的混合物倒入 ④ 中搅拌，勾芡。

⑥ 将⑤分别倒入平均装好豆腐糯米团子的容器中，将炒黑芝麻当成配品撒在最上面。

STAUB
STAUB
STAUB
STAUB

约 8 人份

豆腐渣薄饼

Okara Pancakes

刚烤好时非常松软，放凉之后就像蛋糕一样沉甸甸了。
加入了豆腐渣，是很健康的薄饼。

ⓐ

ⓑ

ⓒ

材料

酸奶（无盐）……约 180 克（除去水分之后约 100 克）
低筋面粉……80 克
生豆腐渣……30 克
发酵粉……1 小勺
砂糖……40 克
牛奶……50 毫升
软化的黄油……1 大勺
鸡蛋……2 个
水果、鲜奶油、糖粉等……适量

做法

① 在圆盘内侧薄薄地涂上黄油，筛入薄薄一层低筋面粉。（二者都是分量之外）
② 在漏勺中垫上咖啡滤纸和厨房用纸，放入酸奶，静置 6 小时以上以去除水分。
③ 将鸡蛋的蛋黄与蛋清分开，在蛋清中加入 20 克砂糖，把蛋白硬性打发。… ⓐ
④ 将蛋黄与 20 克砂糖充分搅拌，再加入②、牛奶和生豆腐渣混合搅拌。之后再依次加入软化的黄油、混合在一起搅拌好的低筋面粉和发酵粉，直接搅拌均匀。… ⓑ
⑤ 剩余的③分两次加入，用木铲或刮刀充分搅拌。… ⓒ
⑥ 将⑤倒入①中，用预热到 180℃的烤箱烤 20 分钟。可依据喜好加入水果、鲜奶油、糖粉等食用。

约 6 人份

香姜布丁

Spiced Ginger Pudding

可以在冬天热乎乎吃的布丁。
散发着姜和香料味道的英式甜点。

ⓐ

ⓑ

ⓒ

材料

- 橘皮果酱 .... 100 毫升
- 姜末 .... 1 大勺
- 低筋面粉 .... 1/3 杯
- 发酵粉 .... 1/2 小勺
- 黄油 .... 40 克
- 砂糖 .... 40 克
- 鸡蛋 .... 2 个
- 牛奶 .... 140 毫升
- 糖蜜或红糖汁 .... 2 大勺
- 多香果粉、丁香粉、肉豆蔻粉、盐 .... 各 1 小撮
- 香草香精 .... 2~3 滴
- 木斯里 (Muesli) 和格兰诺拉麦片 ... 适量

（做法）

① 将橘皮果酱和 1/2 大勺的姜末充分搅拌，薄薄地涂在 STAUB 锅的底部与内侧。……ⓐ

② 将低筋面粉、发酵粉、香料、盐混合在一起，事先筛好。

③ 将常温下软化的黄油加入砂糖，用打蛋器打至发白。将常温的鸡蛋一个一个加入，充分搅拌，再依次加入糖蜜、香草精油、剩余的姜末，一边加入一边搅拌。

④ 将②的一半和常温牛奶的一半加入③中，将剩下的②与③分两次加入混合。……ⓑ

⑤ 将④注入①中，将表面摊平，用预热到 190℃的烤箱不盖盖子烤 5 分钟。……ⓒ

⑥ 然后盖上盖子再烤 15 分钟后，从烤箱中取出，就那样焖 5 分钟。趁热把它盛出来放进器皿中，根据喜好添加木斯里 (Muesli) 和格兰诺拉麦片。

STAUB
STAUB

豆腐渣果仁巧克力千层面

Okara Nuts Chocolate Lasagne

在软糯的面皮中间，放入豆腐渣、果仁和融化的巧克力！
是一道分量很足的甜点，刚出锅就让人垂涎欲滴。

ⓐ

ⓑ

ⓒ

材料

饺子皮	12 张
巧克力	120 克
鲜奶油	50 毫升
白兰地	1 大勺
蜂蜜	1 大勺
核桃等喜欢的果仁	1 杯
生豆腐渣	1/2 杯
牛奶	1/3 杯

做法

① 将巧克力切碎，与鲜奶油混合，隔水加热化开；再加入白兰地进一步混合。

② 将生豆腐渣放入耐热容器中，不盖盖子用微波炉强力加热 1 分钟，使多余的水分蒸发。

③ 将果仁类略微炒热，切成碎块，与②和蜂蜜预先混合。…ⓐ

④ 在 STAUB 锅的底部薄薄涂上一层黄油（分量之外），将饺子皮一张张浸过牛奶之后，在每个 STAUB 锅的底部垫上两张，将①的 1/6 薄薄地均匀涂抹在上面，再将③的 1/6 撒上去。…ⓑ

⑤ 将④的过程再重复一遍，最后垫上饺子皮，将剩余的①和③铺展开。…ⓒ

⑥ 盖上盖子用烤箱烤 10 分钟，再取下盖子，烤到表层发黄变色为止。再盖上盖子焖 10 分钟。

STAUB
STAUB
STAUB
STAUB

约 8 人份

樱桃豆腐渣酥皮水果馅饼

Cherry Okara Cobbler

无油却很美味的秘密是
加入了豆腐渣和豆腐！

ⓐ

ⓑ

ⓒ

材料

○酥皮

- 麦片 .... 2/3 杯
- 低筋面粉 .... 1/2 杯
- 干燥豆腐渣 .... 1/4 杯
- 绢豆腐 .... 80 克
- 砂糖 .... 3 大勺
- 盐 .... 2 小撮

○馅料

- 樱桃糖汁（樱桃罐头水）........ 1 罐
- 苹果（红苹果）........ 2 个
- 干燥豆腐渣 .... 1/4 杯
- 蜂蜜 .... 3 大勺
- 小豆蔻粉 .... 1/2 小勺
- 柠檬汁 .... 2 大勺
- 白酒 .... 2 大勺

做法

① 将酥皮的食材全部混合在一起，使其成为颗粒状，放到冰箱里冷藏。…ⓐ

② 将除干燥豆腐渣之外的馅料食材放入 STAUB 锅中，盖上盖子用中火加热 15 分钟。

③ 将干燥豆腐渣加入②中充分搅拌。…ⓑ

④ 将①倒在③的上面均匀铺开，放入预热到 200℃的烤箱中不盖盖子烤 15 分钟。…ⓒ

⑤ 盖上盖子再烤 5 分钟。

STAUB
FRANCE

约 6 人份

豆腐玉米面包

Tofu Corn Bread

散发着玉米甜香味的速成面包
由于放入了足量的豆腐，所以口感湿润软糯。

ⓐ

ⓑ

ⓒ

材料

- 玉米粉 .... 150 克
- 低筋面粉 .... 150 克
- 盐 .... 1/2 小勺
- 发酵粉 .... 1 小勺
- 蜂蜜 .... 3 大勺
- 软化的黄油 .... 30 克
- 绢豆腐 .... 100 克
- 鸡蛋 .... 1 个
- 奶油玉米 .... 1 罐（190 克左右）

做法

① 将常温的鸡蛋打到碗里，加入绢豆腐，用打蛋器搅拌到顺滑为止。…ⓐ

② 将软化的黄油、蜂蜜、奶油玉米也加进去一起搅拌。…ⓑ

③ 将事先混合好的玉米粉、低筋面粉、盐、发酵粉也倒入②中混合搅拌。…ⓒ

④ 在带盖烘焙盘中薄薄地涂上一层黄油或垫上烧烤垫纸，将③倒入。

⑤ 放到预热到 190℃的烤箱中烤 30 分钟，在表面快要烤焦的时候盖上盖子。

⑥ 用竹签扎一下试试，如果拔出来时什么也没有带出来，就从烤箱中取出。

STAUB

约 3 人份

甜果派
Mince Pie

在英国甜果派是圣诞节不可或缺的甜品。
干果大杂烩推荐非热带水果。

ⓐ

ⓑ

ⓒ

材料

黄油（无盐）............80 克
生豆腐渣............30 克
低筋面粉............150 克
杏仁粉............50 克
砂糖............50 克
盐............1 小撮
蛋黄............1 个
蜂蜜............1 大勺
水果干大杂烩............100 克
朗姆酒............适量
核桃、杏仁、腰果等............混合成 1 杯
肉桂、多香果、丁香............各 2 把
搅拌蛋液............适量

做法

① 将水果干大杂烩放入瓶中，倒入朗姆酒到刚好没过，放一天到一个星期。只取出水果，与切成碎块的坚果类、蜂蜜混合在一起。…ⓐ

② 在碗里放入低筋面粉、杏仁粉、砂糖、盐，混合在一起，再将冷却的黄油切碎放入。

③ 将黄油和粉类搅拌混合，再将蛋黄和生豆腐渣加入进一步混合搅拌使成一体，用保鲜膜仔细包好，放入冰箱冷藏一个小时。

④ 将③放上扑面，在案板上用擀面杖擀成 5 毫米厚，切成比 STAUB 锅大两圈的 3 个圆，以及和 STAUB 锅差不多大小的 3 个圆（盖子用）。使用杯子或器皿会比较容易操作。在盖子用的圆中用饼干模具压出喜欢的形状。

⑤ 将较大的圆放入 STAUB 锅的底部，并铺展在侧面，做成碗状。将①用勺子放入碗状的面中，将盖子用的圆铺盖在上面。…ⓑⓒ

⑥ 在表面用毛刷刷上搅拌蛋液，放入预热到 180℃的烤箱中烤 20 分钟。

* 加入生豆腐渣的食材比较难擀薄，待冷却后迅速制作。
* 吃的时候，可以用烤面包机等重新加热。

STAUB
LA COCOTTE

水果干酪

Fruits Gratin

牛奶蛋糊的浓郁可以衬托出水果的酸甜味道。
用 STAUB 锅来烤，可以均匀传递热量到达中心部。

ⓐ

ⓑ

ⓒ

材料

蛋黄……3 个
砂糖……40 克
鲜奶油……50 毫升
牛奶……100 毫升
混合果酱（冷冻）……1 杯
香蕉……1 根
猕猴桃……1 个
柠檬汁……1 大勺
白酒……1 大勺
法棍面包……8 片
细白砂糖……适量

做法

① 将蛋黄和砂糖在碗中混合，用打蛋器充分搅拌到发白为止，再倒入牛奶进一步搅拌。
② 在另一个碗中将①倒入打到八分发的鲜奶油中混合搅拌。…ⓐ
③ 将去皮、切成大小方便食用的水果放入 STAUB 锅中，倒入柠檬汁和白酒搅拌。…ⓑ
④ 沿着锅边插入法棍面包。
⑤ 将②浇到水果上面，放入预热到 170℃的烤箱中，不盖盖子烤 20 分钟。…ⓒ
⑥从烤箱中取出，用滤茶网等将细白砂糖撒在表面。

STAUB

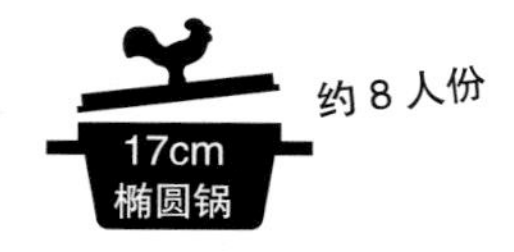

约 8 人份

豆腐渣番薯砂锅

Okara Sweet Potato Casserole

美国感恩节晚宴上不可缺少的季节性固定甜品。
加入豆腐渣有助于健康。

ⓐ

ⓑ

ⓒ

材料

○馅料

- 番薯（熟）……2 个
- 生豆腐渣……1 杯
- 三温糖（黄砂糖）……1/2 杯
- 黄油（无盐）……50 克
- 牛奶……100 毫升
- 鸡蛋……1 个
- 盐……1 小撮
- 肉桂……1 小勺
- 香草精油……3~4 滴
- 朗姆酒……1 大勺

○配品

- 低筋面粉……1/2 杯
- 三温糖（黄砂糖）……2 大勺
- 色拉油……1 小勺
- 水……1 小勺
- 小棉花糖……1 杯

（做法）

① 将馅料食材全部倒入 STAUB 锅中，用搅碎器等将其搅成碎粒，充分混合。将表面摊平。…ⓐ

② 将除小棉花糖之外的配品倒入碗中，用手指将全体充分搅拌混合，使之变成颗粒状的碎屑。…ⓑ

③ 将②铺在①的左右各三分之一处。

④ 将小棉花糖铺在中间位置。…ⓒ

⑤ 放入预热到 170℃的烤箱中，不盖盖子烤 15 分钟。如果看到棉花糖略微烤干，盖上盖子再烤 15 分钟。

LA COCOTTE
STAUB

白巧克力与牛奶巧克力火锅

White & Milk Chocolate Fondue

发挥 STAUB 锅保温性高的特点，只用余温就可以使巧克力融化。
让人开心的是，可以放在餐桌上不用担心保温问题。

ⓐ

ⓑ

ⓒ

材料

白巧克力 .... 80 克
牛奶巧克力 .... 80 克
牛奶 .... 80 毫升
白兰地 .... 1 小勺
香蕉片 .... 适量
猕猴桃 .... 适量
棉花糖 .... 适量
薯片 .... 适量
法棍（切成方便食用的大小）........ 适量

做法

① 将两种巧克力切碎。… ⓐ
② 在白巧克力用的汤锅和牛奶巧克力用的汤锅中各倒入一半牛奶，加热到 60℃左右关火。
③ 将巧克力分别倒入②中使其融化。
④ 在牛奶巧克力的汤锅中，倒入白兰地搅拌。… ⓒ
⑤ 用喜欢的水果蘸上食用。

STAUB
STAUB

PART 2

冷甜点

Making desserts in STAUB

保冷性很优秀也是 STAUB 锅的特征。

这里汇集了世界各国多种多样的

冰淇淋、果冻、蛋糕等冷藏（冻）状态下最好吃的甜品。

番茄果子冰沙

Tomato Sorbet

这个食谱充分发挥了 STAUB 锅优异的保冷性。
在生番茄很好吃的季节，用熟透的番茄做做看吧！

ⓐ

ⓑ

材料

番茄（罐头）......1 罐
蜂蜜......4 大勺
砂糖......2 大勺
柠檬汁......2 大勺

做法

① 将材料全部放入 STAUB 锅中。
② 用手动搅拌器搅拌 1 分钟左右（可调整搅拌时间，打到自己喜欢的顺滑程度）。… ⓐ
③ 盖上盖子放入冰箱冷藏。
④ 过 2 个小时之后取出，用力充分搅拌，使其与空气充分接触。完成后，再次放入冰箱。
⑤ 将④的过程再重复一到两次。… ⓑ

STAUB
LA COCOTTE
STAUB

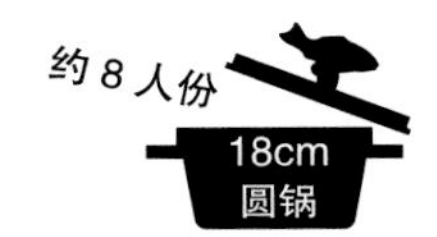

樱花豆腐芝士蛋糕

Sakura Tofu No Bake Cheese Cake

充分发挥盐的作用，衬托出樱花的香气。
因为加入了豆腐，所以比较健康。

ⓐ

ⓑ

ⓒ

材料

豆腐 ……150 克
奶油芝士 ……200 克
鲜奶油 ……100 毫升
砂糖 ……70 克
盐 ……1/2 小勺
腌制的樱花 ……10 片
明胶粉 ……10 克
水 ……1 大勺
柠檬汁 ……1 大勺
白酒 ……1 大勺
★ 水 ……50 毫升
★ 明胶粉 ……2 克

做法

① 将腌制的樱花泡在水里两个小时，然后把水倒掉用纸巾等擦干水。将水、柠檬汁、白酒混合倒入耐热容器中，撒入明胶粉，浸泡。…ⓐ
② 将鲜奶油倒入清洁干燥的碗中打至八分发，放入冰箱中。
③ 将浸泡的明胶粉用微波炉加热，温度不要到沸点，将明胶粉完全溶解。
④ 将豆腐、奶油芝士、砂糖、腌制樱花两片、盐用手动搅拌器等搅拌至顺滑，将③加入进一步搅拌。…ⓑ
⑤ 将④倒入 STAUB 锅中，将①中腌制的樱花放置在表面。将★中的水和明胶粉混合，加热到不煮沸的程度，然后在表面淋上薄薄的一层。…ⓒ
⑥ 盖上盖子放入冰箱，冷藏凝固。

STAUB

约 3 人份

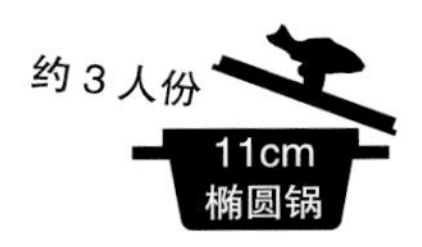

豆腐巧克力慕斯

Tofu Chocolate Mousse

在柔软光滑的巧克力慕斯下面
铺满很有嚼劲的可可曲奇。

ⓐ

ⓑ

ⓒ

材料

- 绢豆腐 .... 150 克
- 豆乳 .... 100 毫升
- 鲜奶油 .... 100 毫升
- 砂糖 .... 30 克
- 明胶粉 .... 8 克
- 水 .... 50 毫升
- 调和可可粉 .... 2 大勺
- 纯可可粉 .... 1 大勺
- 黑巧克力 .... 50 克左右
- 朗姆酒 .... 1 小勺
- 可可曲奇 .... 8 块
- 软化的黄油 .... 1 大勺
- 打发奶油 .... 适量
- 干无花果切片 .... 适量

做法

① 用水浸泡明胶粉。将可可曲奇切碎，与软化的黄油搅拌在一起，放入 STAUB 锅，连锅一起放入冰箱。… ⓐ

② 将绢豆腐、豆乳、调和可可粉、纯可可粉混合放入较深的耐热容器中，用手动搅拌器等搅拌至顺滑，加入切成小块的黑巧克力、砂糖和朗姆酒，用微波炉加热 1~2 分钟，使巧克力融化。

③ 将①中的明胶粉加入②中搅拌均匀，用网眼较小的漏勺过滤。… ⓑ

④ 用别的碗将鲜奶油打到九分发，放到③中轻柔地搅拌。… ⓒ

⑤ 将④平均倒入几个 STAUB 锅中，盖上盖子放入冰箱中冷藏凝固。依照喜好在上面配上打发奶油和干果等。

土耳其牛奶布丁

Kazandibi

劲道、奶味浓厚的口感让人欲罢不能！
是在土耳其甜品店中一定会发现的甜品。

ⓐ

ⓑ

ⓒ

材料

★
- 精制米粉 .... 35 克
- 玉米粉 .... 30 克
- 砂糖 .... 80 克
- 牛奶 .... 500 毫升
- 香草精 .... 3~4 滴

黄油（无盐）........ 10 克
糖粉 .... 20 克

做法

① 用常温软化的黄油均匀涂抹 STAUB 锅，用滤茶网等将糖粉均匀地撒在上面。…ⓐ
② 将除香草精之外的★所有食材全都放入另外的深锅中，用中火加热。为了防止锅底焦煳，要用打蛋器等频繁地搅拌。ⓑ
③ 感觉到越来越稠时，转为小火，再搅拌 1 分钟左右关火，加入香草精，倒入①中。…Ⓒ
④ 将①用中小火不盖盖子加热 20~30 分钟。
⑤ 等它冷却，将 STAUB 锅翻转，把它倒在盘子里，或者切成适当大小，使有烧烤色的一面朝上盛到盘子中。
⑥ 常温下吃也可以，放入冰箱冷藏变硬之后吃也行。

STAUB

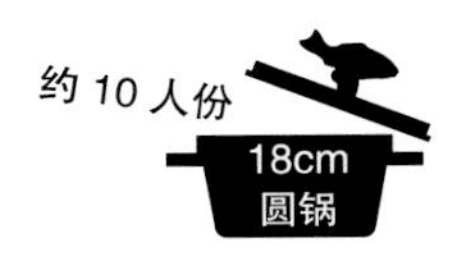

桑格利亚汽酒宾治

Sangria Punch

水果请尽量选择没有使用农药的。
将葡萄汁换成红酒，就可变成成人的饮品。

ⓐ

ⓑ

ⓒ

材料

葡萄汁 ...... 500 毫升
葡萄汽水 ...... 500 毫升
苹果 ...... 1/2 个
橘子 ...... 1 个
蓝莓 ...... 20 个左右
梨、西瓜、菠萝等 ...... 2 杯左右
柠檬汁 ...... 2 小勺
丁香 ...... 4 片
肉桂枝 ...... 1 根

做法

① 将所有的水果充分洗净，滤干水。
② 将苹果切成扇形薄片，将橘子去皮切成方便食用的大小；其它的水果也都切成方便食用的大小，大个的水果可以用挖勺整个挖出来。… ⓐ
③ 将葡萄汁、葡萄汽水、柠檬汁、丁香、肉桂枝一起放入 STAUB 锅中，轻轻混合搅拌。… ⓑ
④ 将②的水果全部倒入③中轻轻混合搅拌。… ⓒ
⑤ 冷却后盖上盖子，在冰箱里放 3 个小时到半天。

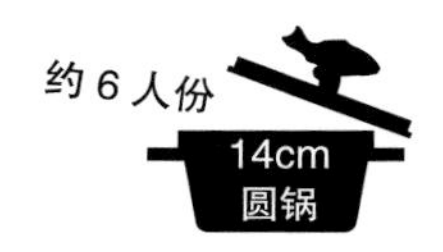

山药咖啡冰淇淋

Chinese Yam Coffee Gelato

使用山药制作的健康的冰淇淋。
搅拌到顺滑的程度，是美味的诀窍。

ⓐ

ⓑ

ⓒ

材料

山药 .... 100 克
鲜奶油 .... 150 毫升
鸡蛋 .... 1 个
砂糖 .... 60 克
意大利浓咖啡 .... 50 毫升
朗姆酒 .... 1 小勺
香草精 .... 4 滴

做法

① 在鲜奶油中加入一半砂糖，打到九分发。… ⓐ
② 将去皮后切成合适大小的山药、剩余的砂糖、鸡蛋、浓咖啡、朗姆酒、香草精放到 STAUB 锅中，用手动搅拌器搅拌到顺滑。… ⓑ
③ 将①倒入②中混合，搅拌均匀。盖上盖子放到冰箱里冷冻。… ⓒ
④ 两小时后取出，用勺子大力搅拌，使与空气充分接触。
⑤ 将④的过程再重复两遍。

杏仁豆腐
Almond Pudding

虽然牛奶与鲜奶油占的比重较大，但后味却很清爽。
用 STAUB 锅冷却凝固，直接端上餐桌也很棒。

ⓐ

ⓑ

ⓒ

材料

牛奶 ……… 400 毫升
鲜奶油 ……… 100 毫升
杏仁粉 ……… 2 大勺
砂糖 ……… 40 毫升
明胶粉 ……… 10 克
枸杞 ……… 适量

做法

① 用 100 毫升的牛奶浸泡明胶粉；用热水泡枸杞，滤干水备用。… ⓐ
② 将杏仁粉、300 毫升牛奶、砂糖倒入 STAUB 锅中，加热化开。… ⓑ
③ 将②的火关掉，加入①中的牛奶明胶粉，再倒入鲜奶油搅拌。… ⓒ
④ 余热散掉后将③放入冰箱冷藏凝固。
⑤ 食用之前撒上枸杞。

STAUB
STAUB
STAUB
STAUB

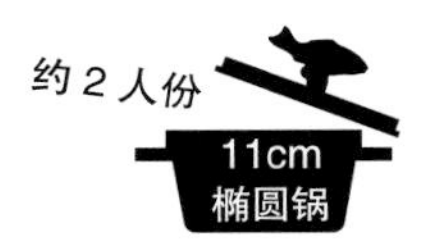

莫吉托果冻
Mojito Jelly

含有酒精，可以当作成人专属的甜点来享用。
需要增加甜味的时候，使用树胶糖浆比较方便。

ⓐ

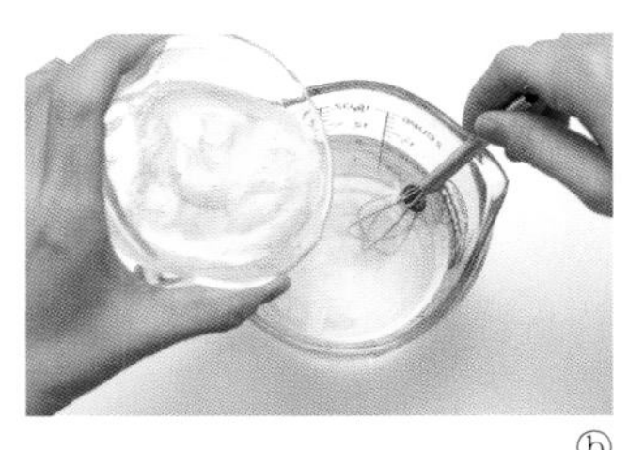
ⓑ

ⓒ

材料

新鲜的薄荷 ...... 适量
莫吉托利口酒 ...... 100 毫升
酸橙汁 ...... 1 大勺
苏打水 ...... 200 毫升
水 ...... 20 毫升
明胶粉 ...... 5 克
酸橙切片 ...... 适量

做法

① 将薄荷叶洗干净，除去水分。… ⓐ
② 将明胶粉和水放入耐热容器中加热，但不要煮沸，使其完全溶解。
③ 在②中加入苏打水、酸橙汁、莫吉托利口酒充分搅拌混合。… ⓑ
④ 将①和酸橙切片放入 STAUB 锅中，从上方注入③。… ⓒ
⑤ 盖上盖子放入冰箱冷藏凝固。
⑥ 也可以依喜好轻轻捣碎后再食用。

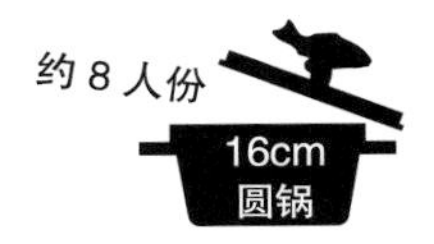

芭菲

Pavè

炼乳浓厚的甜味让人很怀念。
它是巴西从孩子到大人都很喜欢的甜点。

ⓐ

ⓑ

ⓒ

材料

★ 牛奶……600毫升
★ 炼乳……200克
★ 玉米粉……30克
饼干……80克（约10块）
牛奶……200毫升
切碎的白巧克力……40克
蔓越莓干……2大勺
打发奶油……适量

做法

① 将★的食材全部放入STAUB锅中，用中火加热。用木铲等一直搅拌到浓稠。
② 关火，留①的1/3在锅里，将2/3装到碗里。…ⓐ
③ 将一半饼干在200毫升牛奶中过一下，然后铺在①的上面。
④ 将放到碗中的②的一半铺开放到③上面，再依次放入剩余的饼干、奶油，重叠起来。…ⓑ
⑤ 将表面摊平，盖上盖子放入冰箱冷藏3小时到半天。
⑥ 将打发奶油、切碎的白巧克力、蔓越莓干装饰在表面。…ⓒ
⑦ 分盛到器皿中。

STAUB

焦糖切片

Caramel Slices

如果在容器中垫上烤箱垫纸，
就能轻松地取出来了。

ⓐ

ⓑ

ⓒ

材料

低筋面粉 .... 60 克
三温糖（黄砂糖）.......... 60 克
椰子粉 .... 30 克
黄油 .... 60 克
金黄糖浆 .... 20 毫升
炼乳 .... 200 克
黑巧克力 .... 约 50 克

做法

① 在碗里放入低筋面粉、椰子粉、三温糖混合搅拌，再加入 30 克软化的黄油。将它们用力贴在垫了烤箱垫纸的带盖烘焙盘底部，使其厚度均匀。… ⓐ
② 放入预热到 180℃的烤箱中，烤 10 分钟后冷却。
③ 将另外 30 克黄油、金黄糖浆和炼乳放入耐热容器中，用微波炉强力加热 2 分钟，充分搅拌。
④ 将③倒入②中，用预热到 180℃的烤箱烤 12 分钟。… ⓑ
⑤ 从烤箱中取出，将切成小块的黑巧克力撒在④上，盖上盖子。大约 3 分钟后打开盖子，将融化的巧克力均匀地涂抹在上面。… ⓒ
⑥ 放入冰箱，冷藏凝固。

STAUB

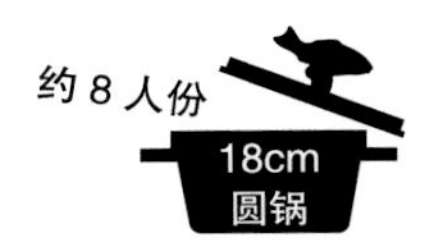

柚子豆腐芝士蛋糕

Yuzu Ricotta Baked Tofu Cheese Cake

放入了足量的豆腐，做成了比较健康的食品。
好吃甜食的人可以再多加一成柚子果酱。

ⓐ

ⓑ

ⓒ

材料

绢豆腐 .... 150 克
欧芝挞芝士 .... 150 克
酸奶（无糖）........ 100 克
鲜奶油 .... 50 毫升
鸡蛋 .... 2 个
柚子果酱（柚子茶）........ 100 克
白酒 .... 1 大勺
蜂蜜 .... 3 大勺
玉米粉 .... 2 大勺
低筋面粉 .... 4 大勺

做法

① 将除玉米粉和低筋面粉以外的食材全部混合，用手动搅拌器搅拌到顺滑。…ⓐ
② 将玉米粉和低筋面粉加入①中，进一步充分搅拌。…ⓑ
③ 将它们倒入 STAUB 锅中，用预热到 170℃的烤箱烤 20 分钟，盖上盖子再烤 10 分钟。
④ 烤箱停止加热后，在里面放 3 个小时。
⑤ 将 STAUB 锅从烤箱中取出，将 3 大勺柚子果酱（分量外）涂抹在表层，将柚子果酱中的果皮用筷子等铺开。…ⓒ
⑥ 放凉之后，放入冰箱冷藏一晚。

STAUB
STAUB
STAUB
STAUB
STAUB
STAUB

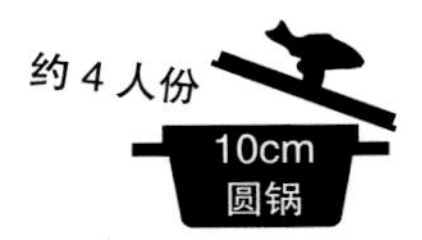

Halo-halo（菲律宾美食）

Halo-halo

“混搭”的菲律宾版刨冰。
将 STAUB 锅事先冷藏，这样冰就不容易融化了。

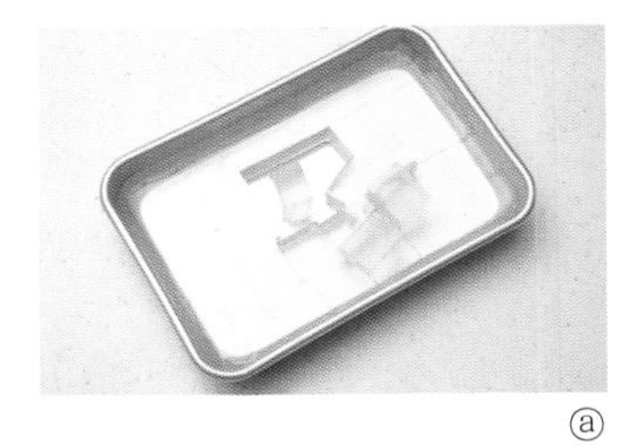
ⓐ

ⓑ

ⓒ

材料

刨冰 .... 约 300 克
寒天粉 .... 1/2 小勺
水 .... 200 毫升
小豆（罐头）.. 100 克
玉米（罐头）.. 4 大勺
椰果 .... 100 克
野木瓜冰淇淋 .... 4 球
冰冻切块芒果 .... 1 杯
炼乳 .... 4 大勺

做法

① 将三个 STAUB 锅放进冰箱里冷藏。
② 将水和寒天粉混合放在别的锅中点火加热，不停搅拌，煮沸 1 分钟左右关火，倒入方平底盘中冷却凝固，固态化后切成小方块。…ⓐ
③ 将芒果、椰果和②各自的一半均等地放入①中。
④ 在③上面均匀地放上刨冰。…ⓑ
⑤ 将剩下的②、芒果、椰果、小豆、玉米、野木瓜冰淇淋都堆在④上面。…ⓒ
⑥ 在⑤上面铺上炼乳。

牛奶冰淇淋

Milk Ice Cream

由于没有使用蛋黄，虽然奶味很浓厚，但后味很清爽。
手工制作特有的质朴味道在口中扩散开来。

ⓐ

ⓑ

ⓒ

材料

鲜奶油 ………… 150 毫升
炼乳 ………… 70 毫升
牛奶 ………… 70 毫升
蛋白 ………… 2 个
细白砂糖 ………… 3 大勺

做法

① 在蛋白中加入细白砂糖，充分打发到硬挺的状态。… ⓐ
② 在别的碗中将鲜奶油打到八分发。
③ 将炼乳和牛奶混合加入②中。… ⓑ
④ 将①的 1/3 加入③中，用打蛋器充分搅拌。
⑤ 将剩下的①分两次加入④，整体翻拌均匀。
⑥ 将⑤倒入 STAUB 锅中，放入冰箱冷冻。两个小时后取出来，用勺子大力搅拌使之充分接触空气，再放回冰箱里。将这一过程重复两次。… ⓒ

PART 3

可冷可热的美味甜点

Making desserts in STAUB

趁热吃很美味；

冷藏之后再吃，另有一番风味。

推荐先享用一下刚出锅的美味，剩下的和 STAUB 锅一起冷藏后食用。

越南豆腐甜羹

Chè Tofu

椰奶与木薯淀粉是亚洲风味甜点喜欢用的食材。
加入豆腐和番薯，很健康，而且口感满分！

ⓐ

ⓑ

ⓒ

材料

椰奶	250 毫升
牛奶	250 毫升
绢豆腐	200 克
砂糖	50 克
香蕉	1 根
番薯（熟）	1 个
黑木薯淀粉	30 克

做法

① 将黑木薯淀粉用充足的水（分量外）浸泡一晚。腾到漏勺中，在锅中放入充足的热水（分量外）煮沸，焯 10 分钟，取出放到冷水中。…ⓐ
② 在 STAUB 锅中放入椰奶、牛奶、砂糖，用中火加热到快要沸腾，使砂糖完全溶解。
③ 将去皮、切成块状的番薯放到②中。…ⓑ
④ 将绢豆腐用手大致捏成小块，放入③中，再次加热到快要煮沸时关火。…ⓒ
⑤ 将滤干水的①，加到④中。
⑥ 将香蕉的皮剥开，切成大小方便食用的片状，放入⑤中。

staub

黄桃豆腐渣茶点

Yellow Peach Okara Dappy

用黄桃罐头替换苹果制做传统的英国甜点——苹果茶点。
还加入了豆腐渣，让它变得更健康了。

ⓐ

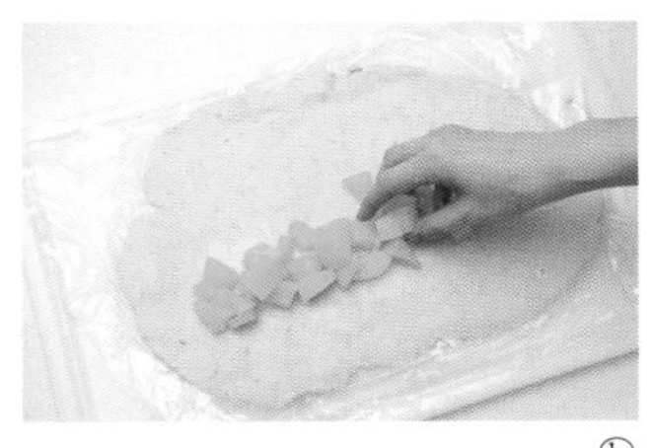
ⓑ

ⓒ

材料

低筋面粉 .... 180 克
发酵粉 .... 1 小勺
砂糖 .... 2 大勺
盐 .... 1 小撮
生豆腐渣 .... 50 克
牛奶 .... 60 毫升
黄油 .... 60 克
细砂糖 .... 2 大勺
黄桃（罐头）
......去除掉罐头糖汁后 1 罐左右的量
柠檬汁 .... 1 大勺
白酒 .... 1 大勺

做法

① 将黄桃切成 2~3cm 的小块，与柠檬汁、白酒混合在一起。… ⓐ
② 将低筋面粉、发酵粉、砂糖、盐在碗中混合，加入常温下软化的黄油，用指肚轻揉使其混合均匀。
③ 在②变成颗粒状的时候，加入生豆腐渣和牛奶，整体充分搅拌。
④ 将③挪到铺好干粉的地方，用擀面杖擀成长方形，将①放到正中间。… ⓑ
⑤ 从自己这边开始，卷成一个棍子状，切成 6 份。将切面朝上密集整齐地排列到 STAUB 锅中。… ⓒ
⑥ 在表面撒上细砂糖，放到预热到 200 ℃的烤箱里，不盖盖子烤 25 分钟。

STAUB
STAUB

蜂蜜戈根索拉乳酪蛋糕

Honey Gorgonzola Cheese Cake

此蛋糕中蓝纹乳酪的浓郁香气格外柔和。
放置一晚，待到味道融合之后，搭配红酒一起食用味道更佳。

ⓐ

ⓑ

ⓒ

（材料）

戈根索拉乳酪 .... 80 克
奶油芝士 .... 200 克
浓缩炼乳 .... 100 毫升
鸡蛋 .... 2 个
蜂蜜 .... 6 大勺
低筋面粉 .... 40 克

（做法）

① 将戈根索拉乳酪、奶油芝士、浓缩炼乳、鸡蛋、蜂蜜都放入带盖烘焙盘中，用搅拌器搅拌到顺滑状态。…ⓐ

② 将低筋面粉倒入①中进一步搅拌到更加顺滑的程度。…ⓑ

③ 在 27cm 椭圆的 STAUB 锅中倒入大约 3cm 深的水，开火加热煮沸。将覆上铝箔纸代替盖子的② 放进去。…ⓒ

④ 将椭圆锅的盖子盖上，用小火加热 25 分钟。关火，盖上盖子放置 30 分钟。

⑤ 将带盖烘焙盘的铝箔纸拿掉，盖上盖子放入冰箱冷藏一晚。

STAUB
STAUB
STAUB
STAUB
STAUB

炒大豆豆腐渣布朗尼

Roasted Soy Beans Okara Brownies

口感扎实的豆腐渣布朗尼加上布满的大豆，
分量感十足！

ⓐ

ⓑ

ⓒ

材料

低筋面粉……150 克
发酵粉……1 小勺
生豆腐渣……50 克
黄油（无盐）……50 克
鸡蛋……2 个
三温糖（黄砂糖）……50 克
纯可可粉……30 克
黑巧克力……50 克
白巧克力……50 克
炒大豆……1/2 杯
朗姆酒……1 大勺

做法

① 将切碎的黑巧克力和无盐黄油放入耐热容器中，隔水加热到完全融化。
② 将三温糖和鸡蛋放到碗里充分搅拌。
③ 将①、②、生豆腐渣、朗姆酒混合在一起，充分搅拌。…ⓐ
④ 将事先混合均匀并筛好的低筋面粉、发酵粉和纯可可粉加入③中，再加上切碎的白巧克力，用铲子等充分搅拌。…ⓑ
⑤ 在 STAUB 锅中倒入④，将表面摊平，再把炒大豆均匀地撒在表层。…ⓒ
⑥ 放到预热到 180℃的烤箱中烤 30 分钟，表面略微烤焦就盖上盖子。

加泰罗尼亚焦糖奶冻

Crema Catalana

这道西班牙的甜点，可以说是“焦糖布丁”的起源。
单用一个 STAUB 锅就能够完成全部的制作，非常简单！

ⓐ

ⓑ

ⓒ

材料

- 蛋黄 .... 4 个
- 砂糖 .... 90 克
- 橘皮碎末 .... 1 大勺
- 奶 .... 300 毫升
- 鲜奶油 .... 200 毫升
- 玉米粉 .... 20 克
- 格兰玛尼亚（洋酒）............ 1 小勺
- 肉桂粉 .... 少量

做法

① 在 STAUB 锅中放入蛋黄和砂糖，用打蛋器搅拌到发白为止。再加入玉米粉，进一步搅拌。…ⓐ

② 将橘皮碎末和肉桂粉加入①中混合搅拌，再加入牛奶，一边搅拌一边用中小火加热。…ⓑ

③ 将格兰玛尼亚酒和鲜奶油加入②中，用小火加热到浓稠。为了让锅底不烧煳，要用木铲等时不时搅拌。…ⓒ

④ 余热散去后，盖上盖子放入冰箱冷藏 3 个小时到半天。

⑤ 冷藏之后从冰箱中取出，表面撒上砂糖或蔗糖（分量外），用面包机或喷火枪上糖色。

STAUB

芒果椰子甜米饭

Mango & Coconut Sweet Rice

用椰奶煮出来的甜糯米饭和芒果非常搭！
是泰国为人所熟知的、量足的甜品。

ⓐ

ⓑ

ⓒ

材料

芒果（罐头）……1 罐
糯米……2 合
（日本的度量单位，1 合为 1/10 升）
椰奶粉……4 大勺
★ 水……120 毫升
★ 砂糖……6 大勺
★ 椰奶粉……6 大勺
★ 盐……2 小撮

做法

① 将洗好的糯米滤干水放入 STAUB 锅中，并在锅中加入等量的水（分量外）和 4 大勺椰奶粉，盖上盖子用中火加热。…ⓐ
② 煮沸之后，将火关小，加热 5 分钟。关火之后，不取下盖子焖 15 分钟。
③ 将★的食材放入耐热容器中混合后，用微波炉加热。
④ 将③加入②中整体搅拌，盖上盖子再焖 5 分钟。…ⓑⓒ
⑤ 去掉芒果罐头中的汁。
⑥ 取下 STAUB 锅的盖子，将芒果放在上面。依照喜好可以在芒果上加少量的炼乳。

豆腐渣优格舒芙蕾

Okara Yogurt Soufflè

酸奶不要去除水分！
是无油健康的蛋奶酥蛋糕。

ⓐ

ⓑ

ⓒ

材料

酸奶（无糖）	250 克
低筋面粉	30 克
生豆腐渣	30 克
发酵粉	1/2 小勺
★ 蛋白	2 个
★ 砂糖	20 克
● 蛋黄	2 个
● 砂糖	30 克
蜂蜜	20 克
柠檬汁	1 大勺
白酒	1 大勺

做法

① 将低筋面粉和发酵粉混合在一起，事先把面筛好。烤箱的顶板上放入水，用 170℃开始预热。

② 将★的材料放入碗中，打到八分发，之后将整碗都放进冰箱中冷藏。…ⓐ

③ 将●的蛋黄和砂糖放入另外的碗中，用打蛋器混合搅拌到能带起来的程度。再加入生豆腐渣、蜂蜜、酸奶、柠檬汁、白酒，充分搅拌。…ⓑ

④ 将筛好的①的 1/2 量加入③中搅拌，将②的 1/2 量也加进来充分搅拌。…ⓒ

⑤ 将剩下的①和②再直接倒入④中搅拌，然后倒入 STAUB 锅中。

⑥ 在预热到 170℃的烤箱中不盖盖子隔水加热 30 分钟，烤好后可以分盛到器皿中食用，也可以在冰箱中冷藏一晚再食用。

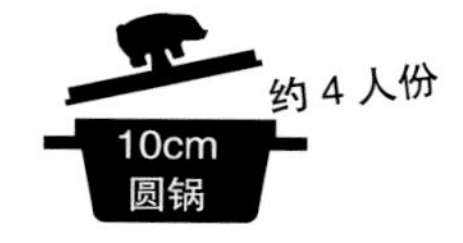

约 4 人份

奶油蛋糊

Custard Eggnog

这是放入大量朗姆酒的成年人的甜品。
能够使身体温暖起来，很适合寒冷的季节。

ⓐ

ⓑ

ⓒ

材料

牛奶 .... 500 毫升
鲜奶油 .... 200 毫升
蛋黄 .... 3 个
砂糖 .... 1/3 杯
黑朗姆酒 .... 100 毫升
肉豆蔻粉 .... 适量

做法

① 将蛋黄和砂糖放入碗里，用打蛋器打 5 分钟左右到能带起来的程度，再加入 200 毫升牛奶混合。… ⓐ
② 在 STAUB 锅中将剩下的 300 毫升牛奶加热到快要煮沸。
③ 将①和 100 毫升鲜奶油加入②中，一边用小火加热，一边频繁搅拌直到浓稠。… ⓑ
④ 加入黑朗姆酒，整体搅拌。… ⓒ
⑤ 将另 100 毫升鲜奶油打到九分发。
⑥ 将④均等倒入杯中，将⑤缓缓地放到上面，再撒上肉豆蔻粉。

半熟凹蛋糕

Pao-de-ló

可称为蜂蜜蛋糕起源的葡萄牙甜品。
鸡蛋的味道在这里非常关键，所以务必使用新鲜优质的。

ⓐ

ⓑ

ⓒ

材料

鸡蛋……1 个
蛋黄……4 个
砂糖……60 克
低筋面粉……25 克
白兰地……1 小勺

做法

① 将鸡蛋、蛋黄、砂糖倒在碗里混合，一边隔水加热（保持在 40℃左右），一边打。…ⓐ
② 打到提起时留下的痕迹不易消失，就加入白兰地，进一步搅拌。…ⓑ
③ 将事先筛好的低筋面粉加到②中，搅拌到粉末完全消失的状态。…ⓒ
④ 将③倒入 STAUB 锅中，放到预热到 180℃的烤箱中，不盖盖子烤 15 分钟。
⑤ 从烤箱中取出，散去余温，等中间凹进去，完全冷却之后再分装到器皿里。
⑥ 盖上盖子放进冰箱。由于是“半熟的蛋糕”，所以最好在两天之内吃完。

STAUB
STAUB

米粉豆腐肉桂卷

Rice Flour Tofu Cinnamon Rolls

是加入不发酵米粉的速成面包。
垫上烤箱垫纸来烤，取出放到盘子里食用也很方便。

ⓐ

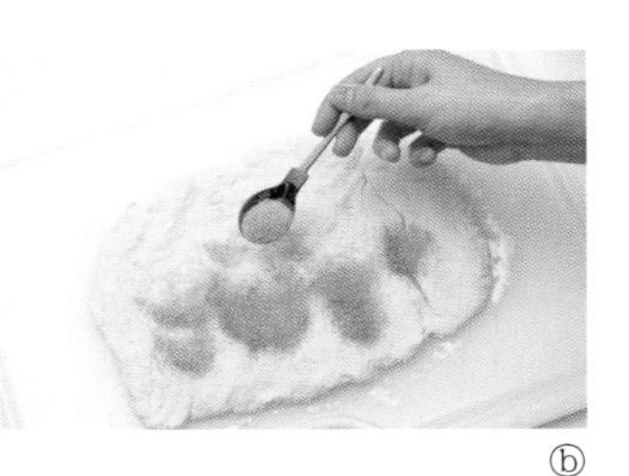
ⓑ

ⓒ

材料

★
- 高筋面粉……100 克
- 米粉……50 克
- 发酵粉……1 小勺
- 砂糖……1 大勺
- 盐……1 小撮

- 绢豆腐……150 克
- 软化的黄油（无盐）……1 大勺

●
- 肉桂粉……1 小勺
- 细砂糖……1 大勺

◆
- 糖粉……3 大勺
- 水……1 小勺多

做法

① 将★的食材混合，事先筛好。将●的食材在另一个容器中混合。

② 将常温下的绢豆腐放入碗中，用打蛋器打到顺滑，加入软化的黄油混合搅拌。

③ 在②中加入混合好的★，混合搅拌使其成为一个整体。…ⓐ

④ 在案板上放上薄面，将③擀薄成长方形，将混合好的●整个撒上去。从自己这边卷起来，然后切成6份。…ⓑ

⑤ 在 STAUB 锅里垫上烤箱用纸，将④切面朝上摆好，放入预热到190℃的烤箱中烤 20 分钟。

⑥ 趁热将用◆混合好的糖汁来回浇在表面。…ⓒ

豆腐橘子酱巧克力蛋糕

Tofu Marmalade Chocolate Cake

那种浓厚的味道，让人感觉不出加入了豆腐。
盖上盖子冷藏，可以获得密实、黏稠的口感。

ⓐ

ⓑ

ⓒ

材料

绢豆腐	150 克
低筋面粉	120 克
发酵粉	2 小勺
黑巧克力	170 克
黄油（无盐）	100 克
砂糖	40 克
橘子酱	50 克
鸡蛋	2 个
白兰地	1 大勺

做法

① 在碗内将常温的鸡蛋和绢豆腐混合搅拌至顺滑。
② 将 STAUB 锅热一下关火，然后放入橘子酱、切碎的黑巧克力、黄油、砂糖、白兰地，用余热化开。如果单用余热无法化开时，请用超小火加热，注意不要烤焦。… ⓐ
③ 将①一点一点地加入②混合搅拌。… ⓑ
④ 将低筋面粉和发酵粉混合在一起事先筛好，加入③中，用小型打蛋器混合搅拌，使其不要结块。… ⓒ
⑤ 将 STAUB 锅放入预热到 180℃的烤箱，不盖盖子烤 40 分钟。
⑥ 从烤箱中取出，冷却后盖上盖子冷藏一晚。

STAUB
STAUB

木薯粉布丁

Tapioca Pudding

木薯粉不用事先焯煮，直接用 STAUB 锅来料理。
是美国从小孩到大人都喜欢的美味甜品。

ⓐ

ⓑ

ⓒ

材料

小颗粒状木薯粉	1/3 杯
牛奶	2 杯
水	50 毫升
砂糖	1/4 杯
鸡蛋	1 个
盐	1 小撮
香草精	2~3 滴
肉桂粉	适量

做法

① 在 STAUB 锅中加入木薯粉、牛奶和盐混合，用中火加热。
② 煮沸之后将火调小，加热 1 分钟之后，盖上盖子关火放置 15 分钟。
③ 加水之后加入砂糖充分搅拌，再加热。砂糖完全化开后就关火。… ⓐ
④ 将鸡蛋打到另一个碗中搅拌，放入 1 杯的③混合；充分搅拌之后再放入 1/2 杯的③充分搅拌。… ⓑ
⑤ 将④一点一点重新放回③，整体充分搅拌，加热到再次沸腾之前，从锅底不停搅拌，持续加热到变成浓稠状。关火，加入香草精用力搅拌，盖上盖子焖 10 分钟。… ⓒ
⑥ 分装到器皿中，按喜好撒上肉桂粉。

STAUB
STAUB

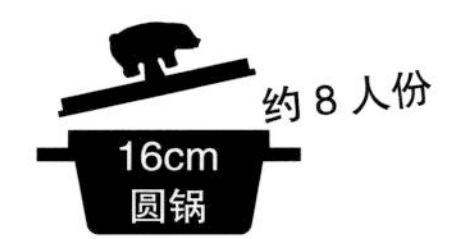

慢炖红糖黑豆

Simmered Sweet Black Beans

花费时间咕嘟咕嘟炖煮也是 STAUB 锅所擅长的领域。
请尽情品尝煮好后膨胀起来的美味的豆子。

ⓐ

ⓑ

ⓒ

材料

黑豆（干燥）......150 克
红糖......60 克
塩麹......1 小勺

做法

① 在 STAUB 锅中放入足量的热水（分量外）煮沸，放入黑豆，盖上盖子放 6 小时以上。…ⓐ
② 将豆子滤干水。…ⓑ
③ 将②放回 STAUB 锅中，倒入水，须没过豆子，以中大火煮沸。煮沸后转小火，盖上盖子加热 40 分钟。
④ 往里添水，同时加入红糖混合，盖上盖子加热 20 分钟关火，不开盖放置 30 分钟。…ⓒ
⑤ 开盖添加塩麹，整体用力搅拌，开火煮开之后关火，盖上盖子冷却。
⑥ 分装到器皿中。

STAUB
STAUB

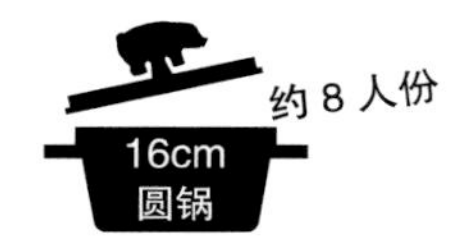

香蕉豆腐克拉芙蒂

Banana Tofu Clafoutis

减少鲜奶油，用豆腐来营造清淡的味道。
可以用自己喜欢的水果来代替香蕉，也很美味！

ⓐ

ⓑ

ⓒ

材料

低筋面粉		25 克
杏仁粉		25 克
★	砂糖	80 克
	绢豆腐	200 克
	鲜奶油	100 毫升
	鸡蛋	3 个
	白酒	2 小勺
	柠檬汁	1 小勺
香蕉		1 个
糖粉		适量

做法

① 将低筋面粉和杏仁粉混合，提前筛好。
② 将★的食材和半根香蕉全部放入 STAUB 锅中，用手动搅拌器搅拌到顺滑。…ⓐ
③ 将① 加入② 中，充分搅拌。…ⓑ
④ 在预热到 170℃的烤箱中，不盖盖子烤 30 分钟。到 15 分钟时取出来，将剩下的香蕉切成片放在表面，再放回烤箱中。…ⓒ
⑤ 刚出锅时如果不吃，等余温散尽，盖上盖子放入冰箱冷藏。
⑥ 也可以依照喜好在表面撒上糖粉。

甜酒南瓜汤

Amazake Pumpkin Soup

引出了甜酒和南瓜自然的甜味。
营养充足，有利于调理肠胃、美容养颜。

ⓐ

ⓑ

ⓒ

材料

南瓜（去皮、去籽）......250 克
水......100 毫升
甜酒......350 毫升
豆乳（或者牛奶）......200 毫升
盐......1 小撮
红豆沙......4 大勺

做法

① 将南瓜切成小块，将水、甜酒一起放入 STAUB 锅中盖上盖子，用小火加热。…ⓐ
② 等南瓜变软就关火，用手动搅拌器搅拌到顺滑。…ⓑ
③ 加入豆乳和盐，再次用小火加热到快要煮沸。
④ 热着吃的时候均匀地倒入器皿中，在上面放上红豆沙。…ⓒ
⑤ 冷着吃时，须等锅变凉之后，盖上盖子放入冰箱冷藏。食用时和 ④ 一样，倒入器皿中，点缀上红豆沙作为配品。

STAUB
STAUB

图书在版编目（CIP）数据

用小铸铁锅做甜点 /（日）铃木理惠子著；陈志姣译 . — 北京：华夏出版社，2019.8

ISBN 978-7-5080-9781-7

Ⅰ . ①用… Ⅱ . ①铃… ②陈… Ⅲ . ①甜食 – 制作Ⅳ . ① TS972.134

中国版本图书馆 CIP 数据核字 (2019) 第 119119 号

Creative Staff：

Art direction ／ Design 大橋 義一（Gad Inc.）

Photograph 石川 登

Proofreading 洲鎌 由美子

○撮影協力 **ストウブ（ツヴィリング** J. A. **ヘンケルスジャパン）**

用小铸铁锅做甜点

作　者	[日] 铃木理惠子	版　次	2019 年 8 月北京第 1 版 2019 年 8 月北京第 1 次印刷
译　者	陈志姣	开　本	787 × 1092 1/16
责任编辑	蔡姗姗	印　张	6
美术设计	殷丽云	字　数	90 千字
责任印制	周　然	定　价	48.00 元
出版发行	华夏出版社		
经　销	新华书店		
印　刷	北京华宇信诺印刷有限公司		
装　订	三河市少明印务有限公司		

华夏出版社 网址 :www.hxph.com.cn 地址：北京市东直门外香河园北里 4 号 邮编：100028

若发现本版图书有印装质量问题，请与我社营销中心联系调换。电话：（010）64663331（转）